Die in den Sitzungsberichten Abtlg. I und Abtlg. II der math.-nat. Klasse der Österr. Ak. d. Wiss. erscheinenden Abhandlungen werden auch einzeln abgegeben. Sie können durch jede Buchhandlung oder direkt durch die Auslieferungsstelle der Österreichischen Akademie der Wissenschaften (Wien I, Singerstraße 12) bezogen werden.

Nachfolgende Abhandlungen aus den Fächern **Geologie, Mineralogie** und **Geographie** sind erschienen:

1959 (S I Bd. 168):

Flügel Helmut und Maurin Viktor: Ein Vorkommen vulkanischer Tuffe bei Eibiswald (Südweststeiermark). S 4.50

Hanselmayer Josef: Beiträge zur Sedimentpetrographie der Grazer Umgebung XI. Petrographie der Gerölle aus den pannonischen Schottern von Laßnitzhöhe, speziell Grube Griessl (mit 6 Figuren auf 3 Tafeln). S 40.10

Leischner Winfried: Zur Mikrofazies kalkalpiner Gesteine (mit 17 Textabbildungen, davon 1 auf einer Beilage und 6 Tafeln). S 52.40

Mitzopoulos M.: Erster Nachweis von Gosauschichten in Griechenland (mit 3 Textabbildungen und 2 Tafeln). S 16.30

Sander Bruno: Beiträge zur morphologischen Kennzeichnung der Erde. S 89.—

Thurner Andreas: Die Geologie des Gebietes zwischen Neumarkter und Perchauer Sattel (mit 5 Textabbildungen). S 15.50

1960 (S I Bd. 169):

Hanselmayer J.: Beiträge zur Sedimentpetrographie der Grazer Umgebung XIII. Ein „Andesit-Gerölle" aus der Sandgrube in Dornegg bei Nestelbach-Schemerl (mit 2 Abbildungen auf 1 Tafel). S 11.—

Hanselmayer J.: Beiträge zur Sedimentpetrographie der Grazer Umgebung XIV. Petrographie der Gerölle aus den pannonischen Schottern von Laßnitzhöhe, speziell Grube Griessl (mit 4 Textabbildungen und 2 Tafeln). S 20.—

1961 (S I Bd. 170):

Hanselmayer Josef. Beiträge zur Sedimentpetrographie der Grazer Umgebung XV. Petrographie der pannonischen Schotter von Hönigthal (mit 1 Textabbildung und 1 Tafel). S 170—11, S 26.90

Hanselmayer Josef, Beiträge zur Sedimentpetrographie der Grazer Umgebung XVI. Ein massiges, grünlichgraues Porphyroidgerölle aus den pannonischen Schottern von der Platte-Graz (mit 1 Tafel). S 170—30, S 9.—

Vaché Raimund, Prädiluviale Hochgebirgsbrekzien im mittleren Wettersteingebirge (mit 3 Textabbildungen und 1 Beilage). S 170—31, S 15.—

1962 (S I Bd. 171):

Hanselmayer Josef, Beiträge zur Sedimentpetrographie der Grazer Umgebung XVII. Fund eines Lazulith-Quarzfels-Gerölles im Würmglazialschotter von Graz (Don Bosko) (mit 4 Abbildungen auf 1 Tafel) 171—1, S 9.—

Hanselmayer Josef, Beiträge zur Sedimentpetrographie der Grazer Umgebung XVIII. Erster Einblick in die petrographische Zusammensetzung steirischer Würmglazialschotter (speziell Schottergrube Don Bosko, Graz) (mit 4 Abbildungen auf 2 Tafeln) 171—3, S 47.—

Kaumanns M., Zur Stratigraphie und Tektonik der Gosauschichten. II. Die Gosauschichten des Kainachbeckens (mit 8 Abbildungen und 3 Tafeln) 171—17, S 50.—

Kristan-Tollmann Edith und Tollmann Alexander, Die Mürzalpendecke — eine neue hochalpine Großeinheit der östlichen Kalkalpen (mit 1 Abbildung) 171—2, S 37.—

Schoklitsch Karl, Untersuchungen an Schwermineralspektren und Kornverteilungen von quartären und jungtertiären Sedimenten des Oberpullendorfer Beckens (Landseer Bucht) im mittleren Burgenland 171—4, S 124.—

Tollmann Alexander, Die Frankenfelser Deckschollenklippen der Grestener Klippenzone als Typus tektonischer Deckschollenklippen 171—6, S 12.—

Winkler-Hermaden Arthur, Die jüngsttertiäre (sarmatisch-pannonisch-höherpliozäne) Auffüllung des Pullendorfer Beckens (= Landseer Bucht E. Sueß') im mittleren Burgenland und der pliozäne Basaltvulkanismus am Pauliberg und bei Oberpullendorf — Stoob (mit 5 Textabbildungen, 5 Tafeln mit je zwei Lichtbildern in Schwarzdruck und 3 Tafeln in Farbdruck) 171—5, S 84.—

ISBN 978-3-662-23929-2   ISBN 978-3-662-26041-8 (eBook)
DOI 10.1007/978-3-662-26041-8

(Mitteilung Nr. 278 aus dem Forschungsinstitut Gastein
der Österreichischen Akademie der Wissenschaften)

Die Uranminerale um Badgastein, Salzburg, im Rahmen Österreichs

Von HEINZ MEIXNER, Knappenberg

(Lagerstättenuntersuchung der Österr. Alpine Montangesellschaft)

(Vorgelegt in der Sitzung am 8. Oktober 1965)

Mit 11 Abbildungen

Im heutigen Österreich sind keinerlei Uranlagerstätten von wirtschaftlicher Bedeutung bekannt. Aber auch bei den rein wissenschaftlich und sammlerisch interessanten Uranmineralvorkommen handelt es sich meist um recht unscheinbare, kleine, vielfach gar nur einmalige Funde, die kaum wiederholt werden können.

Die erste Entdeckung eines Uranminerals im heutigen Österreich stammt aus dem Jahre 1896, als man in der Oxydationszone des Hüttenberger Erzberges (Kärnten) neben Eisenarseniaten einen Uranglimmer fand, der zunächst für Autunit gehalten wurde (68). Alle weiteren Nachweise von Uranmineralen in Österreich erfolgten in der Zeitspanne von 1939—1962!

Der bis etwa 1955 erreichte Stand unserer Kenntnisse über heimische Uranminerale ist vom Verfasser in zwei Veröffentlichungen (39, 40) bereits zusammengetragen und gleichzeitig auch von H. KÜPPER & K. LECHNER (31) behandelt worden. Ende 1956 begann auch ein Arbeitskreis für geologische und bergbauliche Erschließung von Kernspaltungsrohstoffen im Rahmen der „Österreichischen Studiengesellschaft für Atomenergie" mit vielfältigen Untersuchungen, bei denen in zahlreichen möglicherweise U-höffigen Gebieten Gesteine und Mineralvorkommen — damit u. a. z. B. auch Bauxit, Phosphorite, Kohlen, Torf — und Wässer mit radiometrischen und chemisch-analytischen Methoden auf U-Gehalte getestet worden sind. Darüber berichteten u. a. E. BRODA u. Mitarb. (6), F. HECHT mit den folgenden Autoren (19), H. KÜPPER (32; 33) und W. E. PETRASCHECK, z. T. mit Mitarb. (47; 48). Große und reiche Lagerstätten sind völlig erwartungsgemäß nirgends gefunden, kleinere lokale Konzentrationen in verschiedenen Gebieten angetroffen worden. Bemerkenswert erscheint, daß bei diesen Forschungen bei uns, unterschiedlich zu gleichzeitigen und ähnlichen Arbeiten etwa in der Schweiz oder in Italien, soweit mir bekannt, nicht ein einziger neuer bestimmbarer Uranmineralfund zum Vorschein gekommen ist.

Von knapp 100 derzeit auf der Welt bekannten Uranmineralen (14) sind die folgend genannten Arten bisher aus Österreich nachgewiesen worden; die Tabelle verzeichnet auch die Paragenesengruppen, Fundorte und Schrifttumshinweise. Die mit * bezeichneten Mineralarten wurden teils allein, teils auch im weiterhin näher behandelten Raum um Badgastein/Böckstein angetroffen.

Tabelle der aus Österreich bekannten Uranminerale, mit Mineralnamen, chem. Zusammensetzung, Kristallsystem, Paragenesengruppen (I—IV), Vorkommen (a...) und Schrifttumszitaten.

*Uraninit (Uranpecherz), UO_2, kub.
  I: b ([1])), g (41, S. 51); II: a (40, S. 235; 8, S. 87), b (9), c (3), d (25, S. 59).
Brannerit, UTi_2O_6, trikl.
  II: a (9), b (9).
Hatchettolith, (Na, Ce, Y, U, Pb) (Nb, Ti, Ta)$_2$(O, OH)$_7$, kub.
  I: h (42, S. 85).
*Schröckingerit (= Dakeit, = „Neogastunit"), $NaCa_3$ (UO_2) $(CO_3)_3(SO_4)F \cdot 10\ H_2O$, rhomb.
  IV: a (17, S. 311), b (17, S. 313; 55 S. 13), c (18, S. 95/96; 55, S. 13/14; 66, S. 26), d (Prof. Scheminzky, i. l.)
Uranopilit $(UO_2)_6(SO_4)(OH)_{10} \cdot 12\ H_2O$, mon.?
  II: a (40, S. 237).
*Zippeit $(UO_2)_6(SO_4)_3(OH)_6 \cdot 15\ H_2O$, rhomb.
  I: g (36, S. 214); II: a (40, S. 237); IV: a (17, S. 313).
Autunit und Meta-Autunit, $Ca(UO_2)_2(PO_4)_2 \cdot 12$ bzw. $8\ H_2O$, tetr.
  I: a (29; 42, S. 88), b (37, S. 45), c (29, S. 118), d (20, S. 37), e (30, S. 35), g (36, S. 214).
Kahlerit oder Meta-Kahlerit, Fe $(UO_2)_2(AsO_4)_2 \cdot$ 12 oder 8? H_2O, tetr.
  II: a (38; 68, S. 161).
Metatorbernit, $Cu(UO_2)_2(PO_4)_2 \cdot 8\ H_2O$, tetr.
  I: f (42, S. 87).

[1]) Winzige, erzmikroskopisch nicht identifizierbare Pünktchen im Pegmatit mit Autunit-U-halt. Opal-Höfen, die sich nach Versuchen von W. Philippek (Graz) scharf auf einer photographischen Platte abzeichnen.

Metazeunerit, $Cu(UO_2)_2(AsO_4)_2 \cdot 8 H_2O$, tetr.
    III: a (5, S. 141).
Metatyuyamunit, $Ca(UO_2)_2(VO_4)_2 \cdot 3$—5 H_2O, rhomb.
    III: a (40, S. 237; 5, S. 140).
Coffinit, $U(SiO_4)_{1-x} (OH)_{4x}$, $x \sim 0{,}5$, tetr.
    II: a (40, S. 236; 49, S. 319/320).
*Uranophan (= Uranotil), $Ca(UO_2)_2(SiO_3)_2(OH)_2 \cdot 5 H_2O$, mon.
    II: a (40, S. 237); IV: a (17, S. 310).
*Beta-Uranophan (= Beta-Uranotil), $Ca(UO_2)_2(SiO_3)_2(OH)_2 \cdot 5 H_2O$, mon.
    I: g (36, S. 214); IV: a (17, S. 308).
*Haiweeit (= Gastunit 1 und 1a), $Ca (UO_2)_2(Si_2O_5)_3 \cdot 5 H_2O$, rhomb.
    IV: a (69; 17, S. 307).
*Kasolit, $Pb(UO_2)(SiO_3)(OH)_2$, mon.
    IV: a (17, S. 315).

In einer ganzen Reihe der Vorkommen aus den Paragenesengruppen I, II und IV finden sich außerdem Überzüge von U-haltigem Glasopal (= Hyalith). Man wird auf diese Bildungen meist erst durch ihre starke, gelbgrüne Fluoreszenz bei Bestrahlung mit ultraviolettem Licht (U.V.L.) aufmerksam. Solcher Glasopal ist natürlich kein Uranmineral, seine U-Gehalte erreichen 0,06— 0,1—0,15 Gew.-%, liegen aber oft um mehrere Zehnerpotenzen unter diesen Werten (15, S. 369; 40, S. 239; 26, S. 212). Die auffallende Fluoreszenz der U-haltigen Glasopale — besonders empfindlich ist das kurzwellige U.V.L. — weist ihnen eine ausgezeichnete Indikatorrolle zur weiteren Suche nach primären und sekundären Uranmineralen zu!

Tabelle der Paragenesengruppen mit Einzelfundorten

I. Uranminerale in Pegmatiten:

a) Parfuß bei Trahütten, Koralpe, Steiermark (29)
b) Wildbachgraben bei Deutschlandsberg, Koralpe, Steiermark (37, S. 45)
c) Hirschegg, Stubalpe, Steiermark (29, S. 118/119)
d) Puchbach bei Köflach, Steiermark (20, S. 37)
e) Koralpen-Speik, Kärnten (30, S. 35)
f) St. Leonhard/Saualpe, Grube Peter, Kärnten (42, S. 87; 37, S. 33)
g) Spittal/Drau, Feldspatbruch und Wolfsberg (36, S. 214)
h) Unteraich bei Straßburg/Gurk, Kärnten (42, S. 83/86)

II. Uranminerale in hydrothermalen Vererzungen, insbes. mit Ni, Co, Bi, As

a) Hüttenberger Erzberg, Kärnten (8; 39, S. 225; 40, S. 235; 49, S. 319; 9)
b) Olsa bei Friesach, Greiningbau und Olsa-Stbr., Kärnten (9)
c) Zinkwand/Schladminger Tauern, Steiermark und Salzburg (3)
d) Badgastein, Kurkasino (= Hotel Austria), Salzburg (17, S. 300; 25, S. 59; 25a)

III. Uranminerale in Bauxit

a) Laussa, Rev. Gräser, Oberösterreich (27; 5)

IV. Späthydrothermale und rezente Uranmineralisationen im Raume von Badgastein, Salzburg

a) Rathausberg-Unterbaustollen (= Pasel-, = Thermal-, = Heilstollen) (17, S. 307/316)
b) (Maria-)Paris-Stollen, Böckstein (17, S. 313)
c) Imhof-Unterbau, Naßfeld (18, S. 95/96; 55, S. 13; 66, S. 26).
d) Alter Straßenrichtstollen unter dem Schleierfall im Naßfeldgraben (Untersuchungsprotokoll vom 21. 12. 1965 von Prof. SCHEMINZKY).

Unter diesen aufgezählten Mineralparagenesen und -vorkommen sind einige, die bedeutendes wissenschaftliches Interesse besitzen, wie die eigenartigen U-Mineralisationen des „Hüttenberger Erzberges" oder die des Bauxits von „Unterlaussa". Die größte Berühmtheit unter den österreichischen Uranmineral-Fundstätten dürfte jedoch dem Badgasteiner Raum mit dem Paselstollen zukommen.

Nachdem im Jahre 1904 voneinander unabhängig der Wiener Physiker H. MACHE Radiumemanation (= Radon) im Wasser der Gasteiner Thermen und die Pariser P. CURIE & A. LABORDE Radon in den Gasteiner Quellgasen nachgewiesen haben (vgl. dazu 70; 62, S. 3; 53, S. 30/36), war es naheliegend, in der Umgebung von Badgastein nach Uranerzen und Uranmineralen zu forschen. Kein einziges Uranmineral war jedoch bis 1938 mit Sicherheit aus dem Lande Salzburg festgestellt. Erst in jüngster Zeit kamen bei der Durcharbeitung einer Mineralsammlung aus der Zeit um 1820 einige alte Etiketten zum Vorschein (43, S. 121), die vielleicht zu dieser Frage einige Hinweise zu geben vermögen: „Uranglimmer von Tweng im Lungau", „Uranspath Salzburg" und gar „Uranspath Rauris"! (s. 26a, S. 162, Textabb. 32). Leider waren die zugehörigen Stücke nicht mehr aufzufinden, so daß nicht entschieden werden konnte, ob Bestimmungen und Fundorte zutreffen können; mit „Uranspath" bezeichnete man um die Wende vom 18. zum 19. Jahrhundert die Uranglimmer.

Von entscheidender Bedeutung für unsere Gasteiner Uran-Forschung erwies sich in der Folge der 1940 begonnene Anschlag des Rathausberg-Unterbaustollens zur Unterfahrung der

Goldquarzgänge des oberen Rathausberges, der nach dem Wirkl. Geh. Bergrat Dipl.-Ing. PASEL (Berlin) auch Paselstollen genannt wurde. Sein Mundloch liegt in 1280 m S.H., etwa 70 m über der Gaststätte „Alraune" „in der Asten" im Naßfelder Tal bei Böckstein. Der Streckenvortrieb erfolgte in südöstlicher Richtung und erreichte bis zur kriegsbedingten Einstellung im Jahre 1944 eine Länge von 2425 m. Es wurden zwischen Stollenmeter 1240 und 2100 zahlreiche, doch größtenteils taube Klüfte durchfahren, die als die Tiefenfortsetzung des Rathausberger Golderz-Gangsystems angesprochen wurden. Das wichtigste Kluftsystem, von K. ZSCHOCKE und F. FLORENTIN für den aus dem Parisstollen bekannten „Kniebeißgang" gehalten, wurde bei Stollenmeter 1888 erreicht und durch Querschläge nach NO 630 m und nach SW 550 m zur näheren Untersuchung ausgelängt (11, S. 140ff.; 54; 52; 12). Bereits beim Vortrieb machte sich eine starke Zunahme der Gesteinstemperatur bemerkbar, die bei Stollenmeter 1660 44°C erreichte und damit um über 20° höher lag, als es nach der geothermischen Tiefenstufe zu erwarten war (60). Und ebenso schon beim Vortrieb fielen in diesem Raum dem mineralkundigen Betriebsleiter Ing. K. ZSCHOCKE (Böckstein) meist winzige gelbe Anflüge auf, die in einzelnen Klüften auftreten. Er erkannte sie bereits als Uranminerale und gab ihnen vorläufig die neutrale Bezeichnung „Uranblüte". Der Nachweis von radioaktiven Strahlungen im Stollen wurde von ZSCHOCKE bereits mittels lichtdicht verpackter photographischer Platten durchgeführt und frühzeitig benutzte er Ultraviolettlampen bei seinen Stollenbefahrungen, um sekundäre Uranminerale durch deren oft charakteristische lebhaft grüne Lumineszenz auffinden zu können. F. HERNEGGER hat dann einen beachtlichen Radongehalt in der Stollenluft festgestellt.

Seit etwa 1946 ist das „Forschungsinstitut Gastein" unter Führung von Prof. Dr. F. SCHEMINZKY (Innsbruck) (vgl. z. B. 52; 53; 54; 56; 59; 62; 63; u. v. a.) auch mit vielseitigen und umfangreichen Untersuchungen über die Phänomene des Rathausberg-Unterbaustollens beschäftigt. Unter Ausnützung der aus „Hitzespalten" zuströmenden Gase werden nun in diesem „Thermalstollen" Wärme, Luftfeuchtigkeit und Radongehalt als neues Therapeutikum zur Heilung von Kranken benützt, so daß unser letzter alpiner Goldbergbau nun schließlich zum „Heilstollen" geworden ist.

Im Anschluß an die geologische Kartierung der Ankogel-Hochalmgruppe durch F. ANGEL & R. STABER (2), die Gastein gerade noch randlich berührt, hat Ch. EXNER (11) eine geologische

Karte mit ausführlichen Erläuterungen der Umgebung von Gastein geschaffen und überdies die geologischen Verhältnisse im Rathausberg-Unterbaustollen (10) eingehend dargestellt. Über die geologischen Grundlagen der Gasteiner Heilmittel äußerte sich auch G. MUTSCHLECHNER (45).

Mit den Gasteiner Uranmineralen beschäftigten sich ab 1946 H. HABERLANDT & A. SCHIENER (17) unter maßgeblicher Mitwirkung von F. SCHEMINZKY (50; 16; 57), der besonders zu den Fluoreszenzspektren-Untersuchungen und ihrer photographischen Aufnahme wertvolle Beiträge geliefert hat. Bei einigen Uranmineralen gelang eine befriedigende Bestimmung, bei anderen blieben manche Fragen offen. Die Schwierigkeiten der Untersuchung solch winziger Gebilde muß besonders hervorgehoben werden, zumal oft nur sehr geringe Probemengen zur Verfügung stehen. Zu beachten ist aber auch, daß erst seit 10 bis 15 Jahren auf der ganzen Welt eine intensive Suche nach Uranvorkommen eingesetzt hat. Diese führte sowohl zur Entdeckung vieler neuer Uranmineralarten (vgl. 14, bereits wiederum unvollständig!), als auch zu wesentlichen Verbesserungen in der Charakterisierung der schon bekannten Uranminerale. Auf Grund dieser enorm angewachsenen Vergleichsdaten sind heute Identifikationen gerade bei den Uranmineralen etwas leichter und sicherer durchzuführen als vor 10 bis 15 Jahren, obwohl jetzt schwieriger Untersuchungsmaterial zu beschaffen ist als damals, als noch einige Ausbauten zum ,,Heilstollen'' vorgenommen wurden.

Die von HABERLANDT & SCHIENER (17, S. 307/316, insbes. Tab. 1) für Gasteiner Uranminerale ermittelten Kennzeichnungen waren und sind für jede Weiterarbeit eine wichtige Grundlage: besonders wertvoll erwies sich darin die Anführung der von E. SCHROLL stammenden spektrographischen Befunde. Doch scheint mir, daß die beiden Autoren bei der Aufgliederung und Benennung der Uranminerale in ,,Typen'' das Verhalten im ultravioletten Licht zur Diagnostik etwas überschätzt haben; dadurch kamen mitunter optisch recht verschiedene Minerale in dieselbe Gruppe, etwa ,,helle Leuchter'', Gastunit, Typus 1, 1a, 1b. Anderseits ist die Optik nicht voll ausgenützt worden; die Angaben erfolgten fast nur für $n_{\alpha'}$ und $n_{\gamma'}$, obwohl mit diesem Material mehrfach die Lage der Achsenebene, die ungefähre Größe und der Charakter des Achsenwinkels, Richtung der optischen Normale und wahres $n\beta$ (z. T. dann auch $n\alpha$ oder $n\gamma$) bestimmt werden kann.

Trotz aller Fortschritte ist auch das neueste Schrifttum noch öfters mit offensichtlichen Unrichtigkeiten belastet; $n\alpha, \beta, \gamma$

und 2 Vα, γ sind bekanntlich durch mathematische Formeln miteinander verbunden, so daß aus 3 verläßlichen Werten der vierte errechnet werden kann. Und ebenso ist durch Einsetzen der 4 Werte in die Formel oder in ein entsprechendes graphisches Diagramm rasch ersichtlich, ob die Daten zusammenstimmen oder grob fehlerhaft sind, wonach natürlich die Fehler gesucht werden sollten.

Der Verfasser dieser Zusammenfassung hat bereits 1942 die ersten Proben von ,,Uranblüten" aus dem Paselstollen von K. ZSCHOCKE erhalten. Er hatte in den letzten Jahren Gelegenheit, die Mineralsammlung des Forschungsinstituts Gastein an Ort und Stelle durchzuarbeiten, wofür Prof. Dr. F. SCHEMINZKY bestens gedankt sei. Wertvoll war die freundliche Förderung durch das Ehepaar SANDRI (Böckstein), die eine Reihe interessanter Stufen aus der Sammlung von Ing. K. ZSCHOCKE zur Untersuchung zur Verfügung stellten. Anfang 1965 erhielt das Forschungsinstitut dank des Entgegenkommens von Dir. Prof. Dr. H. SCHOLLER (Naturhist. Museum, Wien) einen großen Teil des meist von K. ZSCHOCKE stammenden, von A. SCHIENER bei seinen Untersuchungen benützten Materials zurück; im März 1965 wurden davon noch gut 100 einschlägige Belegstücke durchgesehen und mikroskopisch kontrolliert. Überdies konnte ich im Zeitraum 1948/1953 unter Führung von K. ZSCHOCKE den Paselstollen auch einige Male befahren und die einmaligen Mineralvorkommen am Orte ihres Auftretens besichtigen.

Wie auch schon von HABERLANDT und SCHIENER (17, S. 304, 312) erwähnt, sind bei den Gasteiner Uranmineralen nach der Entstehungsgeschichte zweierlei Bildungsphasen der ,,sekundären" Uranminerale und ihrer Begleiter auseinanderzuhalten:

A. späthydrothermale Kluftabschneidungen mit blättrigem Kalkspat (z. T. Papierspat), Fluorit, Quarzkristallen, Chalcedon, Glasopal, Desmin- und seltener auch Apophyllit-xx, rotem Eisenocker (Hämatit) und einigen Uranylsilikaten; etwas älter scheinen die Füllungen benachbarter Klüfte mit Bergkristall, Adular, Chlorit, Titanit (Sphen), Apophyllit, Laumontit — doch ohne Uranylsilikate — zu sein.

B. praktisch rezente Mineralbildungen, die an Stollenulmen und in offenen Klüften in den letzten Jahren bis Jahrzehnten seit der bergbaulichen Erschließung erst entstanden sind. Dazu gehören Kalkspat-Opal-Sinter (Warzensinter), U-haltiger Glasopal, Limonit, Malachit, ferner die Uranminerale Schröckingerit und Zippeit; rezente Mineralsedimente sind z. B. auch aus dem Fledermausstollen in Badgastein beobachtet und untersucht worden. Hier konnten außer U-haltigem Warzensinter noch Mirabilit ($Na_2SO_4 \cdot 10\ H_2O$), Thenardit (Na_2SO_4), Gips, Sideronatrit ($Na_2Fe^{...}(SO_4)_2(OH) \cdot 3\ H_2O$), Steinsalz und Sylvin (KCL), ermittelt werden (44).

Und nun sollen unsere Gasteiner Uranminerale im einzelnen besprochen werden, zunächst die

A. spät-hydrothermalen Kluftabscheidungen.

Als „Gastunit, Typus 1, 1a, 1b" haben HABERLANDT & SCHIENER (17, S. 307, 314) auf Grund des Verhaltens im ultravioletten Licht die „hellen Leuchter" zusammengefaßt. Auf diese Bildungen ist im neuesten Schrifttum — teilweise ohne neue Untersuchungen — mehrfach Bezug genommen worden, wobei es zu recht widersprechenden Deutungen kam.

Haiweeit

Der „Gastunit, Typus 1" bildet „gelbgrüne, meist halbkugelige radialstrahlige Wärzchen, einzeln und in Gruppen, bis 1 mm Durchmesser, auf Desmin und Blätterspat" (17, S. 314) vgl. Abb. 1; Hauptkomponenten sind U, Ca, Si (17, S. 307, 314); das Pulverdiagramm stimmte weder zu Uranophan (= Uranotil) noch zu Beta-Uranophan (17, S. 307). Hier handelte es sich also im Jahre 1951 um ein sicher neues Uranmineral, für das heute auch die Ca-Uranylsilikate Kalziumursilit (1957), Haiweeit (1959) und Ranquilit[2]) (1960) zur eventuellen Auswahl zur Verfügung stehen. Leider ist bei deren Beschreibung nicht gleich mit „Gastunit" verglichen worden, bei dessen Veröffentlichung bedauerlicherweise auch die Kennzeichnung des „neuen" Debyogramms unterblieben ist; außerdem müssen die mitgeteilten optischen Konstanten mit Druck- oder Bestimmungsfehlern behaftet sein: an feinen Nadeln, die bloß 0,2 bis 0,3 μ (!) dick sein sollen und eine Doppelbrechung von angeblich nur 0,001 ($n\alpha' = 1,596$; $n\gamma' = 1,597$) besitzen (Fehlergrenze bei Einbettung üblicherweise ± 0,002!), sind schwerlich gerade Auslöschung, optischer Charakter und Pleochroismus festzustellen! „Gelbgrüne, halbkugelige, radial-

---

[2]) Die Beschreibung des Ranquilit durch M. J. DE ABELEDO usw. (1) läßt Zweifel an der Aufstellung als neues Mineral aufkommen. Die Analyse erfolgte an sehr unreinem Material, die Formelberechnung nach Abzug verschiedener Beimengungen. Infolge der Kleinheit der Mineralteilchen fehlen kristallographische Angaben ganz, vom optischen Verhalten wird nur eine mittlere Lichtbrechung genannt. Diese paßt, ebenso wie die d_{hkl} und die Intensitäten einer Pulveraufnahme, ganz gut auf Haiweeit!

strahlige Wärzchen" passen viel besser zu den für den „Typus 1b" angegebenen Werten.

Ganz allgemein sind bei den Uranylsilikaten, ähnlich wie bei vielen Uranglimmern, relativ starke Schwankungen in den Lichtbrechungsziffern festzustellen. Außer verschiedenen, z. T. auch bereits in natürlich vorkommenden Dehydrationsphasen („Meta--" I, II . . .) können in unserem Falle gewisse Nebenbestandteile, etwa Substitution von Pb, für solche Schwankungen verantwortlich gemacht werden.

Als ausgesprochen unglücklich erwies es sich, daß R. M. HONEA (21, S. 1055) den ohnedies schwimmenden Namen „Gastunit" für ein neues K-Uranylsilikat (von der Mammothmine in Texas und von den Red Knob claims in Arizona) verwendete und mit „Gastunit Typ 1" des Paselstollens gleichsetzte; das chemisch und röntgenographisch selbe Mineral, u. a. auch von den beiden genannten amerikanischen Fundorten, ist dann wenig später von W. F. OUTERBRIDGE et al. (46) unter dem berechtigt neuen Namen Weeksit — $K_2(UO_2)_2Si_6O_{15} \cdot 4\,H_2O$, rhomb. — beschrieben worden; diese Verfasser vermuteten (46, S. 52, Nachwort), daß Gasteiner „Gastunit" mit Haiweeit identisch sein könnte.

Die Schwierigkeit der optischen Untersuchung solch feinnadeliger Substanzen erhellt auch daraus, daß die sicher identen Proben des „Gastunits" bei HONEA und des Weeksits, von OUTERBRIDGE optisch recht unterschiedlich gekennzeichnet wurden:

„Gastunit", rhomb., optisch 2+, $n\alpha = 1{,}604$ $n\beta = 1{,}610$ $n\gamma = 1{,}621$ $2\,V\gamma$ mittel bis groß.

Weeksit, rhomb., optisch 2—, $n\alpha = 1,596$ $n\beta = 1{,}603$ $n\gamma = 1{,}606$ $2\,V\alpha$ etwa 60^0; $Ch_L\pm$, gelängt nach Z, $n\alpha = Y$, $n\beta = Z$, $n\gamma = X$.

Gastunit, HONEA = Weeksit zeigt im UVL keine Fluoreszenz (21, S. 1048; 46, S. 44) zum Unterschied der Gasteiner Vorkommen.

HABERLANDT & SCHIENER (17, S 314) haben ihrem „Gastunit" auch einen „Typus 1a" angegliedert, den sie als „blaßgelbgrüne, strahlige Igel spitz endender dünner Nadeln" beschreiben; Nadeln mit gerader Auslöschung, $n\alpha' = 1{,}561$, $n\gamma' = 1{,}582$, jedoch ohne chemische und röntgenographischen Daten. K. WALENTA (69) hat kürzlich ebenfalls ein „Gastunit"-artiges Mineral vom Paselstollen näher untersucht und festgestellt, daß ein Ca-Uranylsilikat vorliegt mit optischen Eigenschaften entsprechend „Typus 1a" sowie röntgenographischen Daten, die auf Haiweeit, T. C. McBURNEY & J. MURDOCH, 1959 (34) wiesen. WALENTA (69, S. 38) identifiziert also „Gastunit 1a" mit Haiweeit! Von Bedeutung erscheint mir nun die Feststellung, daß WALENTA (69, S. 38) nicht die „Igel" des Typus 1a (17, S. 314) vgl. Abb. 2 und 3, sondern „halbkugelförmige Aggregate radialstrahlig angeordneter Kristalle", also den Typus 1 mit den „halbkugeligen radialstrahligen Wärzchen" untersuchte! Daraus folgt — übereinstimmend mit eigenen optischen Feststellungen — daß Gastunit 1 und 1a als Haiweeit anzusprechen sind.

Haiweeit vom Paselstollen bildet nach WALENTA (69, S. 40) meist gerade auslöschende, feine Nadeln, mit $n\beta$ in der Längsrichtung, $n\alpha = 1{,}560$, $n\beta = 1{,}580$ und $n\gamma = 1{,}581$ (stets $\pm\ 0{,}002$), $2\ V\alpha = 16\text{—}20^0$; $n\alpha = X$, $n\beta = Z$, $n\gamma = Y$. Der von HABERLANDT und SCHIENER nicht bemerkte $\pm$-Charakter in der Längsrichtung läßt sich beim Rollen der Nädelchen (durch Verschieben des Deckglases) bei Einbettung in einem zähflüssigen Medium gut nachweisen. Die von MCBURNEY & MURDOCH (34, S. 839/840) angegebenen optischen Daten des Haiweeits sind offensichtlich fehlerhaft, da zu $2\ V\alpha$ um 15^0 $n\alpha = 1{,}571$, $n\beta = 1{,}575$ und $n\gamma = 1{,}578$ nicht passen; Fehler sind bei $n\beta$ oder/und $n\alpha$ zu suchen.

Die gegenüber normalem „Haiweeit" etwas höheren Lichtbrechungen des „Typus 1" deutet WALENTA als erste Entwässerungsstufe des Haiweeits Meta-Haiweeit i. S. von WALENTA (69 S. 46); darauf, daß diese Werte von HABERLANDT & SCHIENER (17, S. 314) nicht gut zutreffen können, habe ich eingangs schon hingewiesen.

Auf den „Typus 1b" kommen wir im Anschluß an Beta-Uranophan noch zurück.

Haiweeit tritt im Paselstollen, überwiegend auf Blätterspat aufgewachsen, fast immer in kleinen (Ø bis etwa 1 mm), annähernd schwach zitronengelben, halbkugeligen, radialstrahlig struierten Wärzchen auf; selten sind flach sonnenförmig angeordnete Nadelaggregate auf optischem Wege (n etwa 1,560—1,581 usw.) ebenfalls als Haiweeit zu identifizieren.

Beta-Uranophan (=Beta-Uranotil).

Als „Typus 2a" bezeichneten HABERLANDT & SCHIENER (17, S. 308, 314) ihren „grünen Leuchter a", der grüngelbe, langgestreckte bis nadelige Kristalle, meist in radialstrahligen Aggregaten (1—2 mm Ø) angeordnet, auf Desmin und Blätterspat sowie auf sonst nicht weiter mineralisierten Querklüften im Gneis aufgewachsen, bildet.

Die optischen Verhältnisse ($n\alpha' = 1{,}688$, $n\gamma' = 1{,}703$, teils schiefe Auslöschung mit $n\gamma/Z$ bis $> 30^0$, häufig Zwillinge), der spektrographische Befund (U, Ca, Si) und das mit „Beta-Uranotil" idente Debye-Scherrer-Diagramm rechtfertigen vollauf die Einstufung als Beta-Uranophan (17, S. 308/310, 314). Vollständigere optische Daten sind für Beta-Uranophan von zahlreichen Fundorten von C. FRONDEL (14, S. 309) zusammengestellt worden; sie schwanken innerhalb ziemlich weiter Bereiche, die Ursachen sind noch unbekannt. Das obige „$n\alpha' = 1{,}688$" dürfte als $n\beta$ anzusprechen sein.

Der „Typus 1b" wurde bei HABERLANDT & SCHIENER (17, S. 307, 314) als „heller Leuchter" zu „Gastunit" gestellt, paßt aber, wie bereits WALENTA (69, S. 45) hervorhob, nach der Beschreibung (17, S. 314) viel besser zu Beta-Uranophan. Es handelte sich wieder um ein Ca-Uranylsilikat in „farblosen bis schwach gelbgrünen radialstrahligen Sonnen", $n\alpha' = 1{,}670$, $n\gamma' = 1{,}700$ bei gerader Auslöschung und positiver Längsrichtung. Gegenüber Beta-Uranophan wurde nicht beobachtet die Lage mit schiefer Auslöschung, was an der Morphologie der Kristalle liegen kann und die bei dem Mineral meist häufige Verzwillingung. Kleine Unterschiede im Fluoreszenzverhalten sind weniger störend, sie können durch isomorphe Beimengungen oder Differenzen im Wassergehalt verursacht sein und kommen bei Uranylsilikaten und U-Sulfaten immer wieder vor. HABERLANDT & SCHIENER (17, S. 314) hoben „hellere Partien" auch im dumpfgrün leuchtenden Beta-Uranophan hervor, vgl. Abb. 4.

Von Interesse ist die Angabe von R. M. HONEA (22, S. 14, 24), derzufolge dieser Autor den Gasteiner „Typus 1b" mit Boltwoodit — $K_2(UO_2)_2(SiO_3)_2(OH)_2 \cdot 5\,H_2O$ — zusammenbringt! Gewiß passen die unvollständigen Daten von HABERLANDT & SCHIENER $n\alpha' = 1{,}670$ und $n\gamma' = 1{,}70$, als wahre $n\alpha$ und $n\gamma$ genommen, gut zu Boltwoodit. Bei diesem handelt es sich aber um ein K-Uranylsilikat, während der Gasteiner Typus 1b nach der spektrographischen Analyse auch zu den Ca-Uranylsilikaten gehört. So ist, in Übereinstimmung mit neuen optischen Bestimmungen, der Deutung als Beta-Uranophan unbedingt der Vorzug zu geben.

Beta-Uranophan vom Paselstollen bildet gegenüber den anderen hier nachgewiesenen Ca-Uranylsilikaten (Haiweeit, Uranophan) meistens gröbere Kristallaggregate (Einzelkristalle, nicht Nadeln, sind mit der Lupe oder freiäugig schon gut zu erkennen), kräftige „Igel", die dann auch tiefer eigelb bis orange gefärbt sind. Ausgesprochen selten tritt Beta-Uranophan hier in gelben Wärzchen (ähnlich Haiweeit) oder feinen flachen Sonnen (gleich Uranophan) auf. Er ist dann durch die hohen Lichtbrechungen (n zwischen 1,66 und 1,69), schiefe Auslöschung, oft Zwillingsbildungen, oder röntgenographisch von den anderen zu unterscheiden.

Uranophan (=Uranotil)

Nicht ganz so sicher wie beim Beta-Uranophan ist ursprünglich die Identifizierung des „Typus 2b", des „grünen Leuchters b" als Uranophan gelungen. Hier waren es meist blaßgelbe bis grünlichgelbe, flachstrahlig oder auch sphärisch angeordnete Büschel aus bis 0,3 mm langen, feinsten Nadeln, häufig auf Kluftletten aufgewachsen, vgl. Abb. 5. Sie sind gerade auslöschend mit $n\gamma'$ in der Längsrichtung, $n\alpha' = 1,660$ und $n\gamma' = 1,679$. Das Debye-Scherrer-Diagramm erwies sich als „fast ident mit Uranotil von Wölsendorf" (17, S. 314). Die genannten Werte für $n\alpha'$ und $n\gamma'$ lassen sich mit anderwärts beobachteten Daten von Uranophan vereinbaren, wenn man annimmt, daß es sich um $n\beta$ und $n\gamma$ handelt (14, S. 297). Neuere Funde aus dem Paselstollen zeigten „Sonnen" mit fast 1 mm langen Nadeln, bei 0,03 mm Dicke, an denen $n\alpha$ zu 1,645 und $n\gamma$ zu 1,664 erhalten wurden.

Uranophan habe ich in dieser Fundstätte immer nur in blaßgelben, meist flachen, strahligen Sonnen beobachtet, nie in den kräftigeren Kristallen des Beta-Uranophans oder den Warzen des Haiweeits.

Kasolit

Als „Typus 6" bezeichneten HABERLANDT & SCHIENER (17, S. 312, 315) ein „Bleiuranylsilikat?", das sich in bräunlichen, im U.V.L. nicht fluoreszierenden Wärzchen auf Desmin und Blätterspat fand. Es handelte sich um orangegelbe Sphärulithe aus 3—75 µ langen, gerade auslöschenden Nadeln mit $n\alpha'$ und $n\gamma' > 1,76$ und dem spektrographischen Befund: „Si, U, Pb, doch kein Ca". Daraus ist übereinstimmend zur hohen Lichtbrechung an der Deutung als „Bleiuranylsilikat" festzuhalten. Dieses Mineral findet sich nur äußerst selten im Material des Paselstollens. Unter Hunderten von Stücken konnte ich es nur ein einziges Mal in geringen Mengen beobachten. Alle damit erhältlichen Kennzeichen sprechen dafür, daß es unter den bisher bekannten Pb-Uranylsilikaten dem Kasolit zugeordnet werden müßte (vgl. 14, S. 318).

Etwas Pb neben viel Ca ist auch bei den spektrographischen Untersuchungen in den „Typen 1, 1b und 2a" gefunden worden, während die „Typen 1a und 2b" nicht analysiert worden sind. Diese Ergebnisse festigen die Existenz des Kasolit für den Paselstollen, erklären aber auch den mehrfach beobachteten zonaren Aufbau der Ca-Uranylsilikate, der sich auch in gegenüber den Normalwerten etwas erhöhten Lichtbrechungen auswirken wird.

Uranhaltiger Glasopal (Hyalith)

Der „Typus 5" betrifft kein eigentliches Uranmineral, sondern den im U.V.L. häufig lebhaft gelbgrün leuchtenden Glasopal. Er bildet kleine, glasklare Kügelchen und traubige Überzüge auf Desmin und Blätterspat, aber auch direkt auf Kluftflächen des Gneises.

Genetische Zusammenfassung:

Die bislang im Paselstollen beobachteten Uranylsilikate Haiweeit, Beta-Uranophan, Uranophan und Kasolit erscheinen also als Abschluß einer relativ nieder temperierten Kluftmineralisation nach Kalzit (Blätterspat), nach kleinen Quarz-xx und auch nach Apophyllit und Desmin. Die mineralführenden Klüfte treten oft schon in geringen Abständen von nur 2 bis 7 cm auf, wie man aus Belegstücken ersehen kann, die beidseitig mit Uranmineralbildungen besetzt sind. Dabei fällt auf, daß häufig der Mineralinhalt auf den beim Aufsammeln leider nicht unterschiedenen „Ober- bzw. Unterseiten" verschieden ist! Einige Proben lassen auf der einen Seite z. B. Beta-Uranophan, auf der anderen Uranophan erkennen; oder Beta-Uranophan bzw. Haiweeit; oder Haiweeit bzw. Uranophan; in einem Fall aber auch beidseitig grobe „Igel" von Beta-Uranophan. Besondere Aufmerksamkeit wurde an dem insgesamt großen Material auf die Festlegung der Sukzession gelegt. Meistens birgt eine Kluftfläche nur ein Uranmineral. Sehr selten sind an verschiedenen Stellen (ohne Überwachsung!) eines Stückes auf der gleichen Kluftseite einerseits Haiweeit-Warzen, anderseits Beta-Uranophan festzustellen. Etwas häufiger, aber insgesamt immer noch selten treten Überwachsungen auf, wobei immer zarte Uranophan-Sonnen über kräftigen Beta-Uranophan-Igeln liegen. Uranophan ist dabei also die etwas jüngere Bildung. Wenn zugegen, dann ist fluoreszierender Glasopal die jüngste Bildung. Mitunter enthält dieser mikroskopisch noch feststellbare Haiweeit-Einschlüsse.

B. Rezente Mineralbildungen

Durch F. SCHEMINZKY und seine Mitarbeiter (u. a. F. FLORENTIN †, H. HABERLANDT, O. HENN, E. MÜLLER, G. MUTSCHLECHNER, A. SCHIENER † und K. ZSCHOCKE †) sind seit gut 15 Jahren systematisch alte Stollen und andere Bergbau-, Straßen- und Bahnaufschlüsse in der näheren und weiteren Umgebung von Badgastein begangen und mit tragbaren Ultraviolettrichtungen bestrahlt worden. Dabei wurden zahlreiche Stellen entdeckt, an denen grün lumineszierende Überzüge vorkommen, in denen ein Urangehalt auch durch Einschmelzen in eine Natriumfluoridperle bestätigt werden konnte. F. SCHEMINZKY berichtete über solche Vorkommen fast Jahr um Jahr in seinen Berichten über „Die Tätigkeit des Forschungsinstitutes Gastein der Österr. Akademie der Wissenschaften im Jahre 1952 ... 1962" im Badgasteiner Badeblatt.

Soweit mineralogisch untersucht handelt es sich bei diesen Überzügen meistens um Glasopal, in einigen Fällen auch um Schröckingerit.

Schröckingerit (= Dakeit, = „Neogastunit")

Dieses Uranmineral ist für uns dadurch besonders interessant, weil es nicht an die natürlichen Kluft-Mineralisierungszonen gebunden ist, sondern als junger, neugebildeter Überzug in der Stollensohle oder nahe dieser an den Ulmen in recht unscheinbaren kleinen Knöllchen und andersartigen Überzügen angetroffen wird, vgl. Abb. 6 und 7; im U.V.L. fallen diese Partien sofort durch ihre lebhaft blaugrüne Lumineszenz auf, die außer bei Schröckingerit sonst nur von Liebigit (= Uranothalit) bekannt ist (35, S. 437; 35a, S. 275; 16, S. 27, 30/31).

Unter „Typus 3" führten HABERLANDT & SCHIENER (17, S. 311, 315) dieses Mineral wegen seiner ganz jugendlichen Entstehung unter dem neuen Namen „Neogastunit" ein, obwohl sie bereits die Identität mit Schröckingerit klar erkannt hatten. Der neue Name hat sich nirgends durchgesetzt, weil genetische Variationen eine Neubenennung herkömmlicherweise nicht rechtfertigen und weil Schröckingerit überdies auch von anderen Fundstellen bereits als durchaus rezente Bildung beschrieben worden ist (14, S. 125).

Die knollenförmigen Schröckingerit-Aggregate erweisen sich unter dem Mikroskop aus kleinen sechsseitigen Blättchen (Tafeldurchmesser bis etwa 0,05 mm) zusammengesetzt, vgl. Abb. 8. $n\alpha' = 1{,}539$ und $n\gamma' = 1{,}542$ (in 17, S. 315) können nur auf $n\beta$ und $n\gamma$ bezogen werden (14, S. 124); $n\alpha$ muß bei etwa 1,496 liegen.

Schröckingerit wurde außer aus dem Paselstollen noch im Parisstollen bei Böckstein sowie im Imhof-Unterbau im Naßfeld beobachtet. Nach dem unveröffentlichten Untersuchungsprotokoll von Prof. SCHEMINZKY vom 21. 12. 1965 gelang Dipl.-Ing. H. WELSER und J. GITTLER im Oktober 1965 ein weiterer Fund dieses Minerals im alten Straßenrichtstollen unter dem Schleierfall im Naßfeldgraben.

Zippeit

Als „gelber Leuchter" „Typus 7" bezeichneten HABERLANDT & SCHIENER (17, S. 312/313, 315) gelbe, erdige Überzüge, die neben rotem Eisenocker auf Quarz vorkamen. Sie versuchten sie zunächst wegen des Fluoreszenzverhaltens mit „Uranopilit" zu identifizieren (16, S. 23), wozu aber die optischen Beobachtungen nicht paßten; später bezeichneten sie das Mineral als „Zippeit?" (17, S. 315). Die bei HABERLANDT & SCHIENER angeführten Lichtbrechungen — nα' ~1,64, nγ' ~1,73 — fügen sich dem heute vorliegenden Zippeit-Vergleichsmaterial (14, S. 142) recht gut ein. Neue Angaben über das Fluoreszenzverhalten von Zippeiten (14, S. 143) stimmen zu eigenen früheren Beobachtungen (35, S. 438), so daß auch HABERLANDT & SCHIENER ihre ursprünglichen Bedenken fallen ließen. Mir vorliegende Proben des „gelben Leuchters" lassen auch die für Zippeit recht charakteristischen linsenförmigen Ausbildungsformen (36, S. 214) gut erkennen, so daß die Identifizierung auch dieses Gasteiner Uranminerals gesichert erscheint. — Abb. 9 zeigt die große Dichte der Bahnspuren, die mit einem kleinen Zippeit-Körnchen bei einer Kernplattenaufnahme erhalten wurde.

Als Abschluß der mineralogischen Untersuchungen seien hier mit Abb. 10 noch einige Beispiele gebracht, wie mittels des Contax-Fluoreszenz-Spektrographen von F. SCHEMINZKY (vgl. auch 50 und 16) einige Uranminerale gekennzeichnet werden können. Die von mir einst (35) nach dem makroskopischen Befund unterschiedenen „gelbgrünen Leuchter" (Autunit, Uranocircit usw.) sind von den intensiv „grünen Leuchtern" (Liebigit = Uranothallit; Schröckingerit = Dakeit = Neogastunit) auch im Fluoreszenzspektrum klar und charakteristisch verschieden (vgl. 16). Beta-Uranotil und Uranotil (h und g in Abb. 1 von 16, S. 26) zeigen praktisch dieselben Spektren; „Typus 1b der hellen Leuchter", den wir heute zum Beta-Uranophan stellen müssen, steht im Spektrum (e in Abb. 1 von 16, S. 26) letzterem (h) näher, als dem Haiweeit (d, heller Leuchter, Typ 1). Die Spektren von im U.V.L. lumineszierenden Glasopalen aus dem Gastein-Böcksteiner Raum (a, b, c auf Abb. 1 in 16, S. 26) sind darin praktisch ident mit Haiweeit (d, wieder in Abb. 1 von 16), so daß an submikroskopische Einlagerungen dieses Minerals im Opal zu denken ist; Haiweeit-Einschlüsse in Glasopal konnten gelegentlich auch schon mikroskopisch beobachtet werden. Es wäre möglich, daß man bei anderen

Vorkommen, wenn z. B. Glasopal neben Autunit sich findet, mit dieser Methode submikroskopischen Autunit im Opal wahrscheinlich zu machen.

Zur Bildung der Gasteiner Uranminerale

Die Uranylsilikate Haiweeit, Beta-Uranophan, Uranophan und Kasolit aus dem Paselstollen sind bisher die einzigen derartigen Mineralisationen im ganzen Tauernbereich. Der Lage nach erscheinen diese Uranminerale hier in Klüften, die dem System der Tauerngoldvererzung, der Gold führenden Quarzgänge zugehören. Dem Mineralinhalt nach ordnen sich die Uranylsilikate als ziemlich letzte Ausscheidungen einem Typ von „alpinen Kluftmineralen" ein, der — allerdings sonst ohne Uran — in unseren Goldlagerstätten um Gastein verbreitet ist und v. a. grünen Flußspat, kleine Quarz-xx, Kalkspat (Blätterspat), Apophyllit- und Desmin-xx enthält. Der genetische Anschluß dieser Kluftfüllungen aus dem Paselstollen an die Tauerngoldvererzung bereitete bisher einige Schwierigkeiten, da sowohl letzterer selbst wie den Begleitgesteinen Uranerze zu fehlen schienen (17, S. 304).

Von besonderer Bedeutung zu unserer Frage sind neue Beobachtungen von F. KIRCHHEIMER (25, S. 55/60; 25a), der aus einem Aufschluß hinter dem Kurkasino (früher Hotel Austria) in Badgastein eine bis 1,5 m mächtige Gneisbank näher untersuchte, die stellenweise bis auf das 20fache erhöhte Meßwerte der Radioaktivität aufwies. Schon vorher waren an dieser Wand im U.V.L. auffälliger U-haltiger Glasopal wie andere U-führende Verwitterungsprodukte festgestellt worden (17, S. 300, 346 und 351; 55, S. 6/7). Beachtenswert für diesen wichtigen Aufschluß ist auch die Angabe von SCHEMINZKY (55, S. 7), daß er in der Fortsetzung der Fäulenkluftzonen zu liegen scheint. HABERLANDT & SCHIENER (17, S. 300) berichten dazu, daß sie hier die durch eine jüngere Fäulen-Kluftrichtung verworfene Erzgangsstreich- und -fallrichtung beobachtet haben. KIRCHHEIMER bringt als Durchschnittswerte für die genannte „Gesteinsbank" 1,16% Cu, 0,021% As, 0,012% Pb, 0,010% Zn, 0,002% Co, 0,001% Ni, 5 g Ag/t und 0,035% Uran; an Erzen konnten in Anschliffen Pyrit und Kupferkies zu etwa gleichen Teilen, etwas Arsenkies und — nach mühsamen Anreicherungen — auch wahrscheinlich Uranpecherz in Körnchen von gewöhnlich 50 μ ⌀ nachgewiesen werden. Arsenkies, Bleiglanz und Zinkblende sind die Träger von As, Pb und Zn. Mit rund 400 g U/t ist bei der geringen Mächtigkeit hier natürlich keine Uranlagerstätte von auch nur geringer wirtschaftlicher Bedeutung entdeckt worden, doch immerhin ein kleines Vorkommen mit fein verteiltem Uranpecherz, wie sie bei intensiven Forschungen in ähnlichen Kristallingebieten, z. B. der Schweiz, in den letzten Jahren an bereits zahlreichen Stellen angetroffen worden sind (23; 24).

Die Herleitung des Urans zur Bildung der Uranylsilikate in den Klüften des Paselstollens war bisher nicht geklärt; es könnte sich um Restlösungen der Goldvererzung gehandelt haben. Es muß aber auch an eine Mobilisation älterer Uranvererzungen oder solchen aus den Goldlagerstätten gedacht werden. KIRCHHEIMER (25, S. 60) nahm für die von ihm festgestellten Erze in der Gneisbank an, daß sie bereits im Ursprungsgestein vorhanden waren und nicht später hydrothermal zugeführt seien. In der kürzlich erschienenen Veröffentlichung von F. KIRCHHEIMER und W. WIMMENAUER (25a, S. 47/48) wird von diesen Autoren ebenfalls auf die Bedeutung der Auffindung des „Urangneises" in Badgastein zur Erklärung der jüngeren Gastein-Böcksteiner Uranmineralisationen hingewiesen.

Besonders interessant sind Erwägungen zur Bildung der rezenten Uranminerale im Raume von Gastein. Bei den 19 Badgasteiner Quellen mit ihren insgesamt etwa 85 Thermalaustritten wurden bisher keine eigentlichen Uranminerale beobachtet, sondern lediglich U-haltiger Glasopal und Kalk-Opal-Warzensinter mit Gehalten bis zu $0,1\%$ U (51, S. 32), vgl. Abb. 11. Die Urangehalte in den 7 Austritten der Quelle XII (Reissacherquelle) schwanken zwischen 1,7 bis $4,1 \cdot 10^{-6}$ g U/Liter Quellwasser (58, S. 26), so daß im oben genannten Glasopal bereits eine gewaltige Anreicherung des Urans stattgefunden hat. Dieser U-Gehalt im Thermalwasser ist aber offenbar nicht ausreichend, um zur Ausscheidung richtiger Uranminerale zu führen, wie etwa des Schröckingerits. Diesem kommt die Zusammensetzung $NaCa_3(UO_2)_2(CO_3)_3(SO_4)F \cdot 10 H_2O$ zu, was in Gew.-% $3,49\% Na_2O$, $18,91\% CaO$, $32,21\% UO_2$, $14,86\% CO_2$, $9,02\% SO_3$, $2,14\% F$ und $20,27\% H_2O$ erfordert.

Dank den laufenden Untersuchungen des Forschungsinstitutes Gastein existieren von den Gasteiner Quellen eine ziemliche Anzahl von neuen und vollständigen Analysen (vgl. die Tätigkeitsberichte des Forschungsinstituts von F. SCHEMINZKY); sie zeigen, daß diese Wässer sowohl an den verschiedenen Austrittsstellen als auch zu verschiedenen Zeiten recht ähnlich zusammengesetzt sind, so daß wir bei unserer Überschau z. B. mit den Werten des „Thermalmischwassers" von Badgastein nach E. KOMMA (28, S. 34) das Auslangen finden. Es ist ein an und für sich mineralarmes Thermalwasser mit bloß 350 mg Trockenrückstand/kg Wasser bei $105^\circ C$.

Hauptbestandteile in 1 kg des Wassers sind:

Kationen	mg	mval	mval-%
$K^{\cdot}$	3,01	0,077	1,657
$Na^{\cdot}$	78,9	3,431	73,82
$Ca^{\cdot\cdot}$	20,0	0,998	21,47
$Mg^{\cdot\cdot}$	0,97	0,0798	1,717
	102,88	4,586	98,66

(daneben noch, wieder in mg/kg: 0,2 $Li^{\cdot}$, 0,5 $Sr^{\cdot\cdot}$, 0,02 $Ba^{\cdot\cdot}$, 0,06 $Fe^{\cdot\cdot}$, 0,08 $Mn^{\cdot\cdot}$, 0,15 $Al^{\cdot\cdot\cdot}$ und 0,00235 mg U/kg; $19,2 \cdot 10^{-12}$ g Ra/kg; $45 \cdot 10^{-9}$ Ci Radon/kg)

	103,89 +	4,648	100,00
Anionen			
Cl'	26,15	0,7375	15,867
F'	4,8	0,2526	5,435
SO_4''	130,2	2,7106	58,314
HPO_4''	0,2	0,0042	0,090
HCO_3'	57,36	0,94	20,224
	322,60	4,645	99,93
H_2SiO_3	51,7		
HBO_2	3,9		
	378,2		
freie CO_2	4		
	382,2		

Das Wasser wird demnach als radonhältiges Natrium-Calcium-Sulfat-Hydrogenkarbonat-Thermalwasser mit akratischer Konzentration bezeichnet (28, S. 36).

Aus solchem Wasser scheiden sich an zahlreichen Stellen, den Quellaustritten eng benachbart, Warzen- und Knöpfchensinter ab (Abb. 11), die von F. SCHEMINZKY & W. GRABHERR (51) näher untersucht worden sind. Aus Analysen dieser Sinter durch E. KOMMA (in 61, S. 14 und 59, S. 18) läßt sich unter Verwendung eigener mikroskopischer Untersuchungen die mineralogische Zusammensetzung dieser Sinter annähernd angeben:

Minerale	Gew.-%
Kalzit	67
U-haltiger Glasopal	20 (mit etwa 12% H_2O)
Gips	13

Neben diesen Warzensintern kommen bei Quelle X (Fledermausquelle) auch andere rezente Ausblühungen vor, auf die zuerst H. BALLCZO (4) aufmerksam machte. Sie wurden 1961 von H. MEIXNER (49; in 64, S. 32/35) mineralogisch näher untersucht und es konnten dabei — u. a. Mirabilit ($Na_2SO_4 \cdot 10\ H_2O$), Thenardit (Na_2SO_4), Steinsalz (NaCl) und Sylvin (KCl) nachgewiesen werden. Alle diese eindeutig innerhalb weniger Jahre bis Jahrzehnte „rezent" gebildeten Minerale passen ausgezeichnet zum Chemismus des Gasteiner Thermalwassers.

An anderen Stellen im Raume Gastein kam es ebenso rezent binnen weniger Jahre zur Abscheidung des schon vorhin genannten Na-Ca-UO_2-Karbonat-Sulfat-Fluorid-Minerals Schröckingerit, sowohl bei Temperaturen über 30°C (Paselstollen-Südauslängung), als auch bei den kühleren, normalen Stollentemperaturen (Parisstollen, Imhof-Unterbau). Im Schrifttum konnte ich keine Angaben über die chemische Zusammensetzung von Grubenwässern aus dem Paselstollen oder aus dem alten Goldbergbau finden. Ganz besonders wertvoll sind daher die folgenden Werte, die mir freundlichst Prof. SCHEMINZKY aus seinem Archiv zur Verfügung stellte. Sie betreffen warmes Tropfwasser (2 Liter in $1^1/_2$ Stunden) aus der Firste vom laufenden Meter 1120 des Paselstollens vom 6. August 1948. Das Wasser war geruchlos, farblos und klar, $p_H = 6,7$, Abdampfrückstand 236 mg/kg. Bestimmt wurden:

	mg/kg	mval
$Ca^{..}$	40	2,0
R_2O_3	0,9	
SO_4''	123	2,56
HCO_3'	24,4	0,40
Cl'	0	
F'	3,30	0,17
H_2SiO_3	17,6	0,29

Nicht bestimmt: $K^{.}$, $Na^{.}$, $Mg^{..}$, $Fe^{..}$, $Mn^{..}$.

Wie ersichtlich fehlen Kationen, wahrscheinlich vorwiegend $Na^{.}$. Zusammen mit mobilisiertem UO_2 sind dann auch hier die Grundlagen zur Schröckingeritbildung gegeben. Zur verbreiteten Abscheidung von U-haltigem Glasopal genügen Wässer mit etwas H_2SiO_3-Gehalt und offenbar bloß Spuren von Uran (65, S. 20/22).

Die bereits geschilderte Entdeckung von F. KIRCHHEIMER (25; 25a) — Uranpecherz in der „Gneisbank" hinter dem Kurkasino von Badgastein — liefert den Schlüssel zur Herleitung örtlicher höherer Urangehalte. Wie in der Schweiz (23; 24) und in

Südtirol (7; 67) sind jedenfalls solch kleine Uranpecherz-Vererzungen auch in unserem Gebiet verbreiteter, als bisher bekannt. Es ist bezeichnend, daß unsere bisherigen Schröckingeritfunde mit einigen Aufschlußstrecken der Golderzlagerstätten zusammenfallen, daß also in deren Umgebung, wenn auch in fast nur spurenhafter Verteilung das Uranpecherz vorgekommen sein muß. Die Umsetzung des Uranpecherzes ist dabei wohl stets mit der der begleitenden Kiese verbunden. Sie kann zur reinen Verwitterung gehören oder auch mit Wässern von der Art der Gasteiner Thermalwässer verbunden sein. Außer Schröckingerit gehören zu dieser rezenten Paragenese noch Zippeit sowie U-haltige Glasopal-Kalzitsinter und Gips.

Herrn Kollegen F. SCHEMINZKY (Innsbruck/Bad Gastein) danke ich herzlichst für die jahrelange, stete Förderung, die er dieser Arbeit entgegenbrachte, ganz besonders aber für die Beistellung des gesamten Bildmaterials.

Zusammenfassung

In der Bearbeitung der Uranminerale des Paselstollens von H. HABERLANDT & A. SCHIENER (17) aus dem Jahre 1951 sind zahlreiche „Typen" von Uranmineralen unter Angabe verschiedener Eigenschaften beschrieben worden. Nur ein Teil dieser Typen und Subtypen konnte damals bekannten Uranmineralen zugeordnet werden. Wertvolle richtige Beobachtungen (z. B. 69; 25; 25a) und Fehldeutungen (z. B. 21; 22) ließen zusätzlich eine Neubearbeitung wünschenswert erscheinen. Unter Verwendung des inzwischen erschienenen Schrifttums, zusammen mit dem großen Belegmaterial im Forschungsinstitut Gastein (hier nun auch die meisten Proben aus den Untersuchungen von H. HABERLANDT & A. SCHIENER) und zahlreichen Stücken aus der Sammlung ZSCHOCKE-SANDRI (Böckstein) sind die auffallenden Uranmineralisationen des Paselstollens eingehend durchgesehen worden (optische Kontrollen, Fluoreszenzverhalten).

Spät hydrothermale Bildungen sind unter den Uranmineralen vom Paselstollen: Haiweeit (meist Warzen), Beta-Uranophan (meist kräftige Kristallbüschel), Uranophan (immer zarte Sonnen), sehr selten auch Kasolit, verbreitet U-haltiger Glasopal. Rezent entstanden kommen noch Schröckingerit, Zippeit und wiederum U-haltiger Glasopal hinzu. Einige neue paragenetische Beobachtungen konnten beigebracht werden. Abschließend wurden die Bildungsbedingungen der beiden Paragenesen unter Bezugnahme auf den Chemismus der Wässer und den wichtigen Nachweis von „Urangneis" durch F. KIRCHHEIMER ausführlich diskutiert. Die Einführung gibt eine Übersicht über alle im heutigen Österreich bisher nachgewiesenen Uranminerale, ihre Paragenesen und Fundorte, mit dem zugehörigen Schrifttum.

Schrifttum*)

(1) ABELEDO, M. J. DE, M. R. DE BENYACAR & E. E. GALLONI: Ranquilite, a calcium uranyl silicate. — Am. Miner., 45, 1960, 1078—1086.
(2) ANGEL, F. & R. STABER: Gesteinswelt und Bau der Hochalm—Ankogel-Gruppe. — Wissenschaftl. Alpenvereinshefte, 13, Innsbruck 1952, 112 S. m. geol. Karte 1:50.000.
(3) AVIAS, J. & COPPENS R.: Sur l'existence probable d'un gisement uranifère dans la région de Neualm (Tauern de Schladming, Autriche). — Comptes rendus des séances de l'Acad. d. Sc., 245, Paris 1956, 1647—1649.
(4) BALLCZO, H.: Absätze aus dem Stollen der Fledermaus-Quelle in Badgastein. — Zs. physikal. Ther., Bäder- u. Klimaheilkunde, 3, Wien 1950, 12—16 (G Nr. 46).
(5) BRAUNER, K. & GRÖGLER N.: Über das Vorkommen von Uranmineralien im Bauxit von Unterlaussa, Oberösterreich. — Akad. Anzeiger d. Österr. Akad. d. Wiss., Math.-nat. Kl., 94, 1957, 139—142.
(6) BRODA, E., NOWOTNY K., SCHÖNFELD T. & SUSCHNY O.: Urangehalte österreichischer Braunkohlenaschen. — Berg- u. Hüttenmänn. Mh., 101, 1956, 121—124.
(7) BRONDI, A. & TEDESCU C.: „Uran-Vorkommen in Tauri (Italienische Alpen)". — Studi e Ricerche Div. geomineraria, Comit. naz. Ricerche nucleari, 2, 1959, 45—74. Ref. im Zbl. f. Min., Jg. 1963, 1964, S. 755 (gemeint ist kein U-Vorkommen von „Tauri" in den italien. Westalpen, sondern die U-Vererzung am Westhang der Dreiherrenspitze in den Tauern! H. Mx.).
(8) CLAR, E. & MEIXNER H.: Die Eisenspatlagerstätte von Hüttenberg und ihre Umgebung. — Carinthia II, 143, Klagenfurt 1953, 67—92.
(9) EL GORESY, A. & MEIXNER H.: Brannerit aus den Eisenspatlagerstätten von Olsa bei Friesach, Kärnten. — Abh. d. N. Jb. f. Min., 103, 1965, 94—98.
(10) EXNER, CH.: Die geologische Position des Radhausberg-Unterbaustollens bei Badgastein. — Berg- u. Hüttenmänn. Mh., 95, 1950, 92—102, 115—126 (G Nr. 48).
(11) — Karte und Erläuterungen zur geologischen Karte der Umgebung von Gastein 1:50.000. — Geol. B. A., Wien 1957, 168 S.

---

*) Unter „(G Nr. ...)" wird bei einzelnen Zitaten auf die zugehörige Bezeichnung als „Mitteilung Nr. ... aus dem Forschungsinstitut Gastein der Österr. Akademie der Wissenschaften" verwiesen.

(12) FLORENTIN-BLUMFELD, F.: Die letzte Betriebsperiode des Gasteiner und Rauriser Goldbergbaues 1938 bis 1945. — Bad Gasteiner Badeblatt, 1953, Nr. 13—15.
(13) FRONDEL, C. & ITO J.: Boltwoodite, a new uranium silicate. — Science, *124*, 1956, 931.
(14) — Systematic mineralogy of uranium and thorium. — U.S. Geol. Surv., Bull. 1064, Washington 1958, 400 S.
(15) HABERLANDT, H. & HERNEGGER F.: Uranbestimmungen an Glasopalen und anderen Mineralien mit Hilfe der Fluoreszenzanalyse. — Sitzber. Akad. Wiss. Wien, Math.-nat. Kl., II, *155*, 1947, 359—370.
(16) HABERLANDT, H., HERNEGGER F. & SCHEMINZKY F.: Die Fluoreszenzspektren von Uranmineralien im filtrierten ultravioletten Licht. — Spectrochimica acta, *4*, 1950, 21—35 (G Nr. 44).
(17) HABERLANDT, H. & SCHIENER A.: Die Mineral- und Elementvergesellschaftung des Zentralgneisgebietes von Badgastein (Hohe Tauern). — Tscherm. Min. Petr. Mitteil., 3. F., *2*, 1951, 292—354 (G Nr. 58).
(18) HABERLANDT, H.: Neue geochemische Untersuchungen im Gebiet von Bad-Gastein. — Mikrochemie und Microchimica acta, *39*, Wien 1952, 92—100 (G Nr. 71).
(19) HECHT, F., KÜPPER H. & PETRASCHECK W. E.: Preliminary Remarks on the Determination of Uranium in Austrian Springs and Rocks. — Proc. 2. United Nations International Conference on the Peaceful Uses of Atomic Energy, *2*, Genova 1958, 158—160.
(20) HOMANN, O.: Das kristalline Gebirge im Raume Pack-Ligist. — Joanneum, Mineralog. Mitteilungsblatt, 2/1962, Graz, 21—62.
(21) HONEA, R. M.: New data on gastunite, an alkali uranyl silicate. — Am. Miner., *44*, 1959, 1047—1056.
(22) — New data on boltwoodite, an alkali uranyl silicate. — Am. Miner., *46*, 1961, 12—25.
(23) HÜGI, TH.: Uranvorkommen in der Schweiz. — Die Atomwirtschaft, *8*, 1963, 524—529.
(24) — Uranvorkommen in der Schweiz. — Jb. d. Oberaargaus 1963, 127—143.
(25) KIRCHHEIMER, F.: Über radioaktive und uranhaltige Thermalsedimente, insbesondere von Baden-Baden. — Abh. Geol. Landesamt Baden-Württemberg, *3*, Freiburg 1959, 1—67.
(25a) KIRCHHEIMER, F. & WIMMENAUER W.: Über den „Urangneis" in Badgastein. — Sitzber. d. Österr. Akad. d. Wiss., Math.-nat. Kl., I, *173*, Wien 1964, 41—49 (G Nr. 260).
(26) KIRCHHEIMER, F.: Die Radioaktivität der Phonolithe des Hegaus und das Vorkommen der Uran-Opale. — Zs. Hegau, *2*, Singen 1960, 207—218.
(26a) — Das Uran und seine Geschichte. — Stuttgart 1963, 372 S.
(27) KÖHLER, A.: Ein Vorkommen von Carnotit im Bauxit von Unterlaussa, Oberösterreich. — Jb. Oberösterr. Musealverein, *100*, Linz 1955, 359—360.
(28) KOMMA, E.: Der Chemismus der Gasteiner Therme. — Die Gasteiner Therme im Lichte der Wissenschaft, 1961, 33—36 (G Nr. 228).

(29) KORITNIG, S.: Uranminerale aus dem Gebiete der Kor- und Stubalpe. — Zbl. f. Min., 1939, A, 116—122.
(30) KRAJICEK, E.: Jahresbericht der Abteilung für Mineralogie am Joanneum f. d. J. 1960. — Joanneum, Min. Mitteilungsblatt, 2/1960, Graz, 34—38.
(31) KÜPPER, H. & LECHNER K.: Zur Frage der geologischen Prospektion nach Rohstoffen für Kernspaltungszwecke. — Verh. Geol. B. A., Wien 1956, 125—133.
(32) KÜPPER, H.: Bericht über Kernspaltungsrohstoffe, 1957. — Verh. Geol. B. A., Wien 1958, 286—289.
(33) — Zusammenfassender Bericht über die Uranprospektion in Österreich 1957—1959 (radiometrische Geländearbeit und Analysenresultate an Gesteinen). — Verh. Geol. B. A., Wien 1960, A 103/106.
(34) McBURNEY, T. C. & MURDOCH J.: Haiweeite, a new uranium mineral from California. — Am. Miner., 44, 1959, 839—843.
(35) MEIXNER, H.: Fluoreszenzanalytische, optische und chemische Beobachtungen an Uranmineralen. — Chemie der Erde, 12, Jena 1940, 433—450.
(35a) — Fluoreszenz von Uranmineralen. — Min. u. petr. Mitteil., 52, 1940, 275—277.
(36) — Zur erzmikroskopischen Unterscheidung der Tantalit-Tapiolit-Phasen unter bes. Berücksichtigung eines neuen Vorkommens im Pegmatit von Spittal an der Drau, Kärnten. — Mh. d. N. Jb. f. Min., 1951, 204—218.
(37) — Neue Mineralfunde in den österr. Ostalpen XII. — Carinthia II, *142*, Klagenfurt 1952, 27—46.
(38) — Kahlerit, ein neues Mineral der Uranglimmergruppe aus der Hüttenberger Eisenspatlagerstätte. — Der Karinthin, *23*, 1953, 277—280.
(39) — Bisherige Kenntnisse über österreichische Uranmineralvorkommen; Grundlagen und Aussichten. — Berg.- und Hüttenmänn. Mh., *101*, 1956, 223—228.
(40) — Die Uranmineralvorkommen Österreichs. Art und Verteilung, wirtschaftliche Bedeutung und Aussichten. — Die Atompraxis, *2*, Karlsruhe 1956, 233—240.
(41) — Die Minerale Kärntens I. — 21. Sh. der Carinthia II, Klagenfurt 1957, 147 S.
(42) — Zwei neue Uranminerale aus Kärnten. — Der Karinthin, *40*, 1960, 83—89.
(43) — Die Mineralsammlung der Grafen Thurn-Valsassina auf Schloß Bleiburg. — Carinthia II, *150*, Klagenfurt 1960, 107—127.
(44) — Thermalminerale bei Quellaustritten von Badgastein, Salzburg. — Fortschr. d. Min., *39*, 1961, 352 (G Nr. 222).
(45) MUTSCHLECHNER, G.: Die geologischen Grundlagen der Gasteiner Heilmittel (Thermalwasser und Thermalstollen). — Bad Gasteiner Badeblatt, 1960, Nr. 7 u. 8, 1—18 (G Nr. 187).
(46) OUTERBRIDGE, W. F., STAATZ M. H., MEYROWITZ R. & POMMER A. M.: Weeksite, a new uranium silicate from the Thomas Range, Juab County, Utah. — Am. Miner., *45*, 1960, 39—52.

(47) PETRASCHECK, W. E., SCHUBERT H. & VOHRYZKA H.: Über uranhaltige Kohlen und Kohlenschiefer in Österreich. — Berg- u. Hüttenmänn. Mh., *104*, 1959, 1—8.

(48) PETRASCHECK, W. E.: Zusammenfassender Bericht über die Uranprospektion in österreichischen Kohlen- und Bauxitbergbauen in den Jahren 1957—1959. — Verh. Geol. B. A., Wien 1960, A 106 bis 107.

(49) RAMDOHR, P.: Das Vorkommen von Coffinit in hydrothermalen Uranerzgängen, besonders vom Co-Ni-Bi-Typ. — Abh. d. N. Jb. f. Min., *95*, 1961, 313—324.

(50) SCHEMINZKY, F.: Photographie des Fluoreszenzspektrums schwacher oder millimeterkleiner Leuchter. — Spectrochimica acta, *3*, 1948, 191—205 (G Nr. 34).

(51) SCHEMINZKY, F. & GRABHERR W.: Über Uran anreichernde Warzen- und Knöpfchensinter an österreichischen Thermen, insbesondere in Gastein. — Tscherm. Min. Petr. Mitt., 3. F., *2*, Wien 1951, 257—282 (G Nr. 54).

(52) SCHEMINZKY, F.: Der Radhausberg Unterbaustollen bei Bad Gastein (Thermalstollen) und seine unterirdische Therapiestation. — 2. Aufl., Bad Gasteiner Badeblatt, 1951, Nr. 38—41, 43—44, 1—45 (G Nr. 64).

(53) — 15 Jahre Forschungsinstitut Gastein. — Bad Gasteiner Badeblatt, 1952, Nr. 38—45, 1—71 (G Nr. 74a).

(54) — Die Entwicklung des Pasel-Stollens (Thermalstollens) im Radhausberg bei Badgastein/Böckstein zur unterirdischen Therapiestation. — Bad Gasteiner Badeblatt, 1954, Nr. 12, 1—15 (G Nr. 102).

(55) — Die Tätigkeit des Forschungsinstitutes Gastein der Österr. Akademie der Wiss. im Jahre 1955. — Bad Gasteiner Badeblatt, 1957, Nr. 3—7, 1—63 (G Nr. 133).

(56) — Die Thermalquellen von Bad Gastein und ihre balneotherapeutische Nutzung. — Bad Gasteiner Badeblatt, 1957, Nr. 36—39, 1—40 (G Nr. 149).

(57) — Technik, Wert und Grenzen der Fluoreszenzanalyse mit gefiltertem ultravioletten Licht in der Balneologie. — Fundamenta Balneobioclimatologica, *1*, Stuttgart 1958, 1—19. (G Nr. 145).

(58) — Die Tätigkeit des Forschungsinstitutes Gastein der Österr. Akad. d. Wiss. im Jahre 1956. — Bad Gasteiner Badeblatt, 1958, Nr. 1—3, 1—44 (G Nr. 150).

(59) SCHEMINZKY, F. & MÜLLER E.: Uran und andere radioaktive Stoffe als Spurenelemente im Austrittsgebiet der Gasteiner Therme und die Quellabsätze aus dem Thermalwasser. — Sitzber. d. Österr. Akad. d. Wiss., Math.-nat. Kl., II, *168*, Wien 1959, 1—49 (G Nr. 100).

(60) SCHEMINZKY, F. & STINI J. †: Die Überschußwärme im Thermalstollen (Pasel-Stollen) von Badgastein/Böckstein, ihre Ausbreitung im Gebirge und ihre Herkunft. — Geologie und Bauwesen, *24*, Wien 1959, 228—241 (G Nr. 174).

(61) SCHEMINZKY, F.: Die Tätigkeit des Forschungsinstitutes Gastein d. Österr. Akad. d. Wiss. im Jahre 1958. — Bad Basteiner Badeblatt, 1959, Nr. 38—41, 1—43 (G Nr. 190).
(62) — Die radioaktiven Stoffe in der Bädertherapie. — Bad Gasteiner Badeblatt, 1960, Nr. 33—34, 1—23 (G Nr. 205).
(63) — Vom Bergbau zur Stollentherapie. — Die Gasteiner Therme im Lichte der Wissenschaft, 1961, 63—67 (G Nr. 228).
(64) — Die Tätigkeit des Forschungsinstitutes Gastein d. Österr. Akad. d. Wiss. im Jahre 1961. — Bad Gasteiner Badeblatt, 1962, Nr. 34—38, 1—71 (G Nr. 239).
(65) — Die Tätigkeit des Forschungsinstitutes Gastein d. Österr. Akad d.. Wiss. im Jahre 1962. — Bad Gasteiner Badeblatt, 1963, Nr. 13—17, 1—66 (G Nr. 251).
(66) SCHIENER, A.: Die Mineralvorkommen des Gasteiner Raumes. — Die Gasteiner Therme im Lichte der Wissenschaft, 1961, 23—26 (G Nr. 228).
(67) SCHMIDEGG, O. & ZIRKL E. J.: Uranvererzungen in Südtirol. — Verh. Geol. B. A., Wien 1963, 97—109.
(68) SEELAND, F.: Neue Mineralvorkommen in Kärnten. — Carinthia II, *86*, Klagenfurt 1896, 159—161.
(69) WALENTA, K.: Haiweeit (Gastunit) von Badgastein. — Mh. d. N. Jb. f. Min., 1960, 37—47.
(70) WINDISCHBAUER, A.: Curie und das Wildbad Gastein. — Bad Gasteiner Badeblatt, 1949, Nr. 43—45, 1—30 (G Nr. 40a).

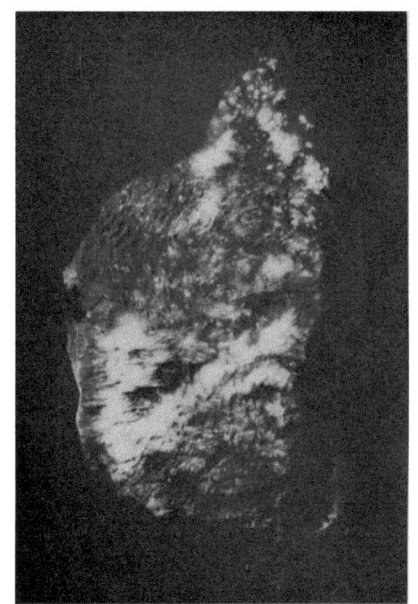

Abb. 1. Kalzit (Blätterspat) mit winzigen Wärzchen von Haiweeit (= „Heller Leuchter, Typus 1" nach HABERLANDT & SCHIENER, 17, S. 307) aus dem Rathausberg-Unterbaustollen.
Links im gewöhnlichen, weißen Licht; rechts im ultravioletten Licht. Ca. $^1/_2$ natürl. Größe. Photo F. SCHEMINZKY.

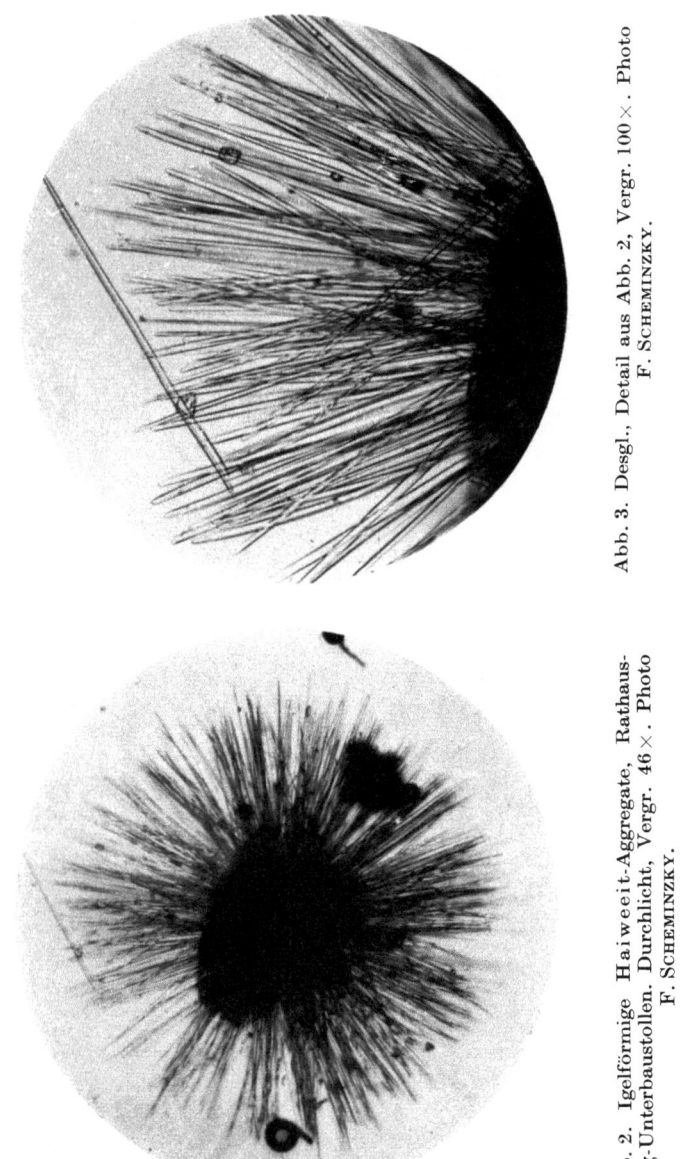

Abb. 3. Desgl., Detail aus Abb. 2, Vergr. 100×. Photo F. Scheminzky.

Abb. 2. Igelförmige Haiweeit-Aggregate, Rathausberg-Unterbaustollen. Durchlicht, Vergr. 46×. Photo F. Scheminzky.

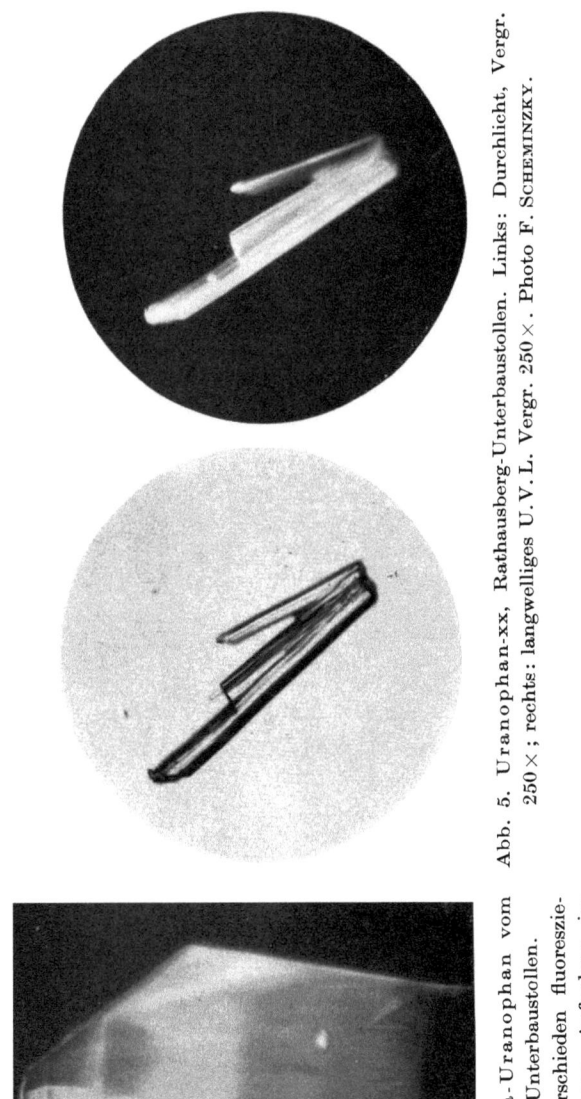

Abb. 4. Beta-Uranophan vom Rathausberg-Unterbaustollen. Zonarbau verschieden fluoreszierender Schichten, Aufnahme im U.V.L. Vergr. 360×. Photo F. Scheminzky.

Abb. 5. Uranophan-xx, Rathausberg-Unterbaustollen. Links: Durchlicht, Vergr. 250×; rechts: langwelliges U.V.L. Vergr. 250×. Photo F. Scheminzky.

Abb. 6. Punktförmig bzw. linear angeordnete Schröckingerit- (= Neogastunit)-Aggregate auf Gneis aus dem Imhof-Unterbau, Stollenmeter 3017, rechter Ulm. Ca. $^1/_4$ natürl. Größe. Photo F. SCHEMINZKY.

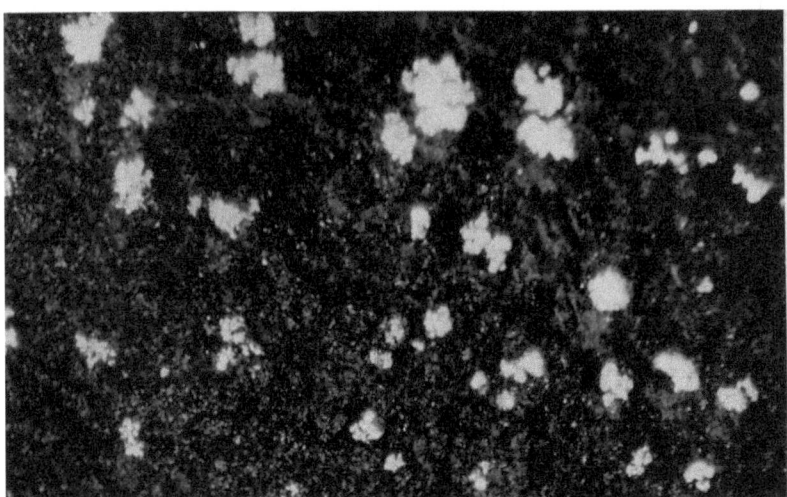

Abb. 7. Dendritisch angeordnete Schröckingerit-Aggregate auf Gneis aus dem Imhof-Unterbau, Stollenmeter 1995, Firste. Etwa natürl. Größe. Photo F. SCHEMINZKY.

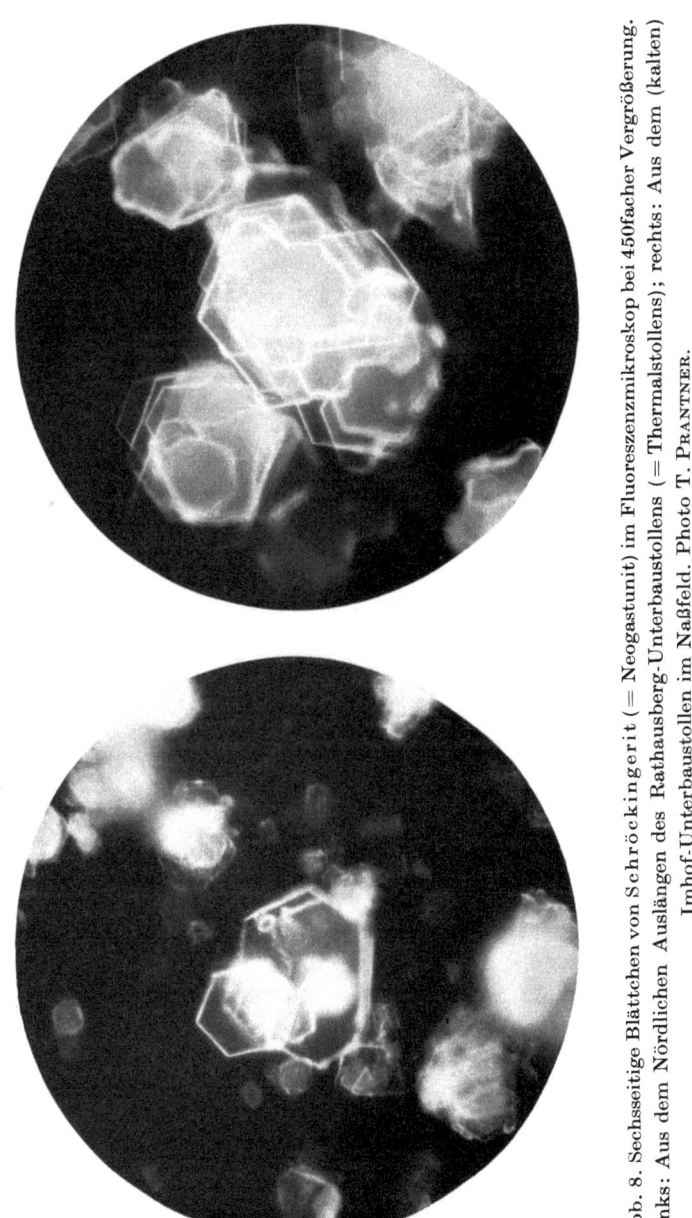

Abb. 8. Sechsseitige Blättchen von Schröckingerit (= Neogastunit = Neogastunit) im Fluoreszenzmikroskop bei 450facher Vergrößerung. Links: Aus dem Nördlichen Auslängen des Rathausberg-Unterbaustollens (= Thermalstollens); rechts: Aus dem (kalten) Imhof-Unterbaustollen im Naßfeld. Photo T. PRANTNER.

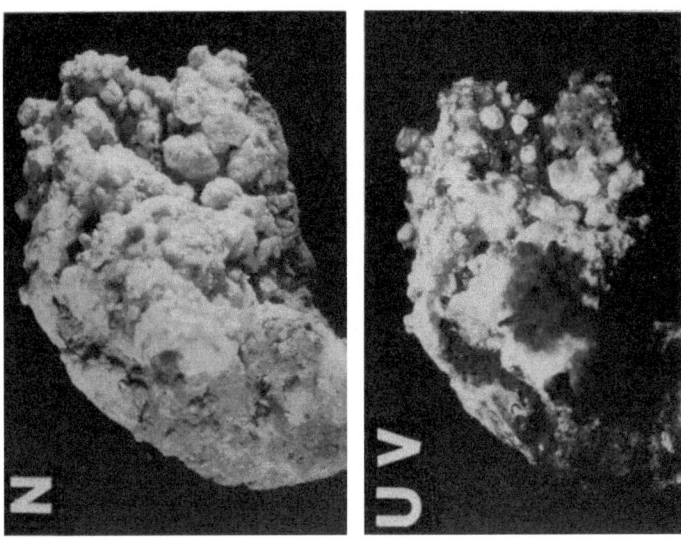

Abb. 11. Warzen- (Knöpfchen) Sinter von Badgastein, Quelle 1 — Franz-Josefs-Quelle. Oben (N) im gewöhnlichen Licht; unten (UV) bei Beleuchtung mit gefiltertem U. V. L. (254 mµ). Photo F. SCHEMINZKY.

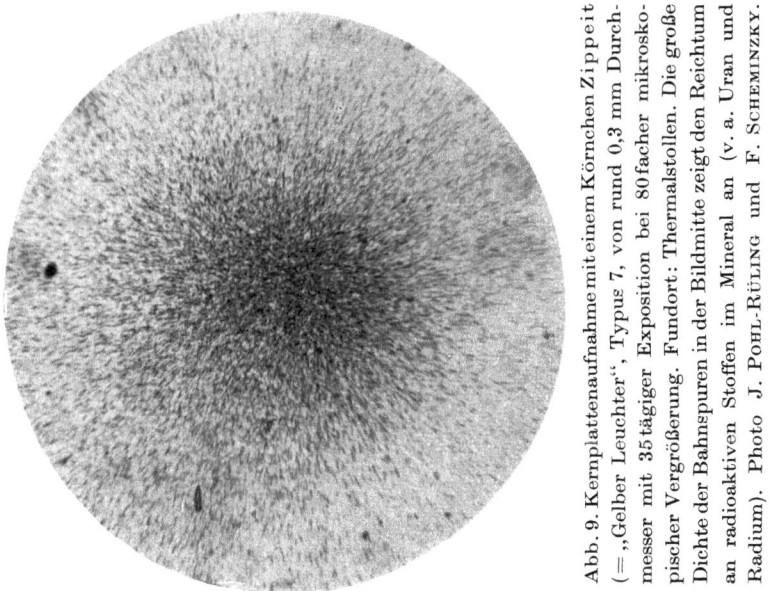

Abb. 9. Kernplattenaufnahme mit einem Körnchen Zippeit (= „Gelber Leuchter", Typus 7, von rund 0,3 mm Durchmesser mit 35 tägiger Exposition bei 80 facher mikroskopischer Vergrößerung. Fundort: Thermalstollen. Die große Dichte der Bahnspuren in der Bildmitte zeigt den Reichtum an radioaktiven Stoffen im Mineral an (v. a. Uran und Radium). Photo J. POHL-RÜLING und F. SCHEMINZKY.

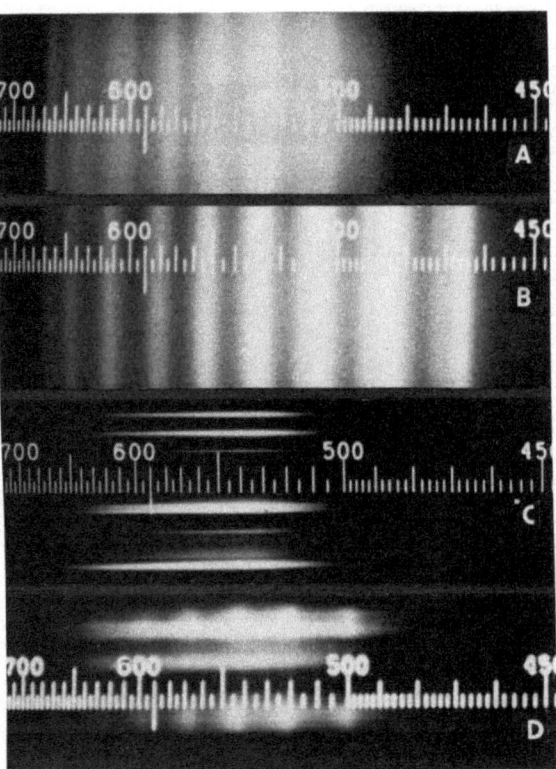

Abb. 10. Beispiele für das Fluoreszenzspektrum von verschiedenen Uranmineralen aus dem Thermalstollen, aufgenommen bei Anregung mit gefiltertem ultravioletten Licht der Wellenlänge 366 mµ und dem Contax-Fluoreszenz-Spektrographen nach F. SCHEMINZKY.

Die Skala gibt die Wellenlänge in mµ an. A Haiweeit (= heller Leuchter, Typus 1): sechs Fluoreszenzbanden, mit einem Kontinuum überlagert. B Schröckingerit (= Neogastunit): 8 sehr gut gegeneinander abgegrenzte Fluoreszenzbanden. C Zippeit („Gelber Leuchter"): kontinuierliches Spektrum mehrerer nebeneinander liegender Körnchen von je 0,1 bis 0,2 mm Durchmesser. D Spektrum von nebeneinander liegenden kleinen Körnchen des Gelben Leuchters (Spektrum kontinuierlich) bzw. des „Hellen Leuchters, Typus 1 b" (6 deutlich ausgeprägte Fluoreszenzbanden, von einem Kontinuum überlagert) (nach Spektralaufnahmen von F. SCHEMINZKY).

Die in den Sitzungsberichten Abtlg. I und Abtlg. II der math.-nat. Klasse der Österr. Ak. d. Wiss. erscheinenden Abhandlungen werden auch einzeln abgegeben. Sie können durch jede Buchhandlung oder direkt durch die Auslieferungsstelle der Österreichischen Akademie der Wissenschaften (Wien I, Singerstraße 12) bezogen werden.

Nachfolgende Abhandlungen aus dem Fache **Botanik** (Biologie) sind erschienen:

1957 (S I Bd. 166):

Politis J.: Über die „Tanninoplasten" oder Gerbstoffbildner der Crassulaceae (mit 2 Textabbildungen und 1 Tafel). S 6.—
Politis J.: Über einen neuen Pflanzenfarbstoff in den Blüten einiger Verbascum-Arten (mit 2 Tafeln). S 5.20
Übeleis Ilse: Osmotischer Wert, Zucker- und Harnstoffpermeabilität einiger Diatomeen (mit 1 Textabbildung). S 30.40

1958 (S I Bd. 167):

Höfler Karl: Permeabilitätsstudien an Parenchymzellen der Blattrippe von Blechnum spicant (mit 5 Textabbildungen). S 45.—
Rechinger K. H., Dulfer H. und Patzak A.: Širjaevii fragmenta astragalogica IV. S 38.10
Url Walter: Zur Wirkung der Atmungsgifte Natriumazid und Dinitrophenol auf die Permeabilität von Blechnum spicant-Zellen (mit 3 Textabbildungen). S 25.—
Wawrik Friederike: Hochgebirgs-Kleingewässer im Arlberggebiet III (mit 3 Textabbildungen und 1 Tafel). S 18.90

1959 (S I Bd. 168):

Biebl Richard: Röntgenstrahlenwirkungen auf Commelinaceenstecklinge (Total- und Partialbestrahlungen) (mit 9 Tabellen und 5 Textabbildungen). S 31.20
Höfler Karl: Über die Gollinger Kalkmoosvereine (mit 1 Textabbildung und 1 Tafel). S 34.50
Höfler Karl und Fetzmann Elsa Leonore: Algen-Kleingesellschaften des Salzlackengebietes am Neusiedler See I (mit 1 Tafel). S 21.50
Hustedt Friedrich: Die Diatomeenflora des Salzlackengebietes im österreichischen Burgenland (mit 31 Textabbildungen und 1 Tafel). S 53.90
Luhan Maria: Zur Wurzelanatomie unserer Alpenpflanzen. IV. Compositae (mit 9 Textabbildungen und 4 Tafeln). S 36.90
Pfoser Karl: Vergleichende Versuche über Verholzungsreaktionen und Fluoreszenz (mit 2 Textabbildungen und 2 Tafeln). S 18.70
Rechinger K. H., Dulfer H. und Patzak A.: Širjaevii fragmenta astragalogica. S 29.40
Wendelberger Gustav: Die Vegetation des Neusiedler See-Gebietes. S 7.20

1960 (S I Bd. 169):

Bolay Erika: Die Vitalfärbung voller Zellsäfte und ihre cytochemische Interpretation (mit einer Textabbildung und 5 Tafeln). S 49.—
Ehrendorfer F.: Neufassung der Sektion Lepto-Galium Lange und Beschreibung neuer Arten und Kombinationen (zur Phylogenie der Gattung Galium, VII). S 12.—
Franz Gertrude: Die Mikroflora einiger Standorte im Leithagebirge in ihrer Abhängigkeit von Boden und Vegetationsdecke (mit 22 Textabbildungen). S 88.—
Pruzsinszky S.: Über Trocken- und Feuchtluftresistenz des Pollens (mit 12 Abbildungen auf 6 Tafeln). S 63.40

1961 (S I Bd. 170):

Fetzmann Elsalore, Vegetationsstudien im Tanner Moor (Mühlviertel, Oberösterreich) (mit 2 Textabbildungen und 2 Tafeln). S 170—3, S 23.—
Pruzsinszky Siegfried und Url Walter, Ein Beitrag zur Desmidiaceenflora des Lungaues. S 170—1, S 9.—
Rechinger K. H., Dulfer H. und Patzak A., Širjaevii fragmenta astragalogica XIII. bis XVII. Teil. S 170—2, S 56.—

1962 (S I Bd. 171):

Niklfeld Harald, Über die Pflanzengesellschaften der Fels- und Mauerspalten Südfrankreichs (mit 1 Textabbildung und 1 Falttabelle) 171—23, S 52.—
Url Walter, Permeabilitätsversuche an Stengelepidermiszellen von Gentiana germanica und Gentiana ciliata (mit 3 Textabbildungen) 171—16, S 40.—

MIX
Papier aus verantwortungsvollen Quellen
Paper from responsible sources
FSC® C105338

If you have any concerns about our products,
you can contact us on
ProductSafety@springernature.com

In case Publisher is established outside the EU,
the EU authorized representative is:
**Springer Nature Customer Service Center GmbH
Europaplatz 3, 69115 Heidelberg, Germany**

Printed by Libri Plureos GmbH
in Hamburg, Germany